创意数学：我的数学拓展思维训练书

THE BEST OF TIME

游戏中的数学

[美]格雷戈·唐◎著　[美]哈利·布里格斯◎绘

小杨老师◎译

作者手记

还记得初学拼写的时候吗？记得你把字母和单词读出来时有多简单吗？只要了解一些基本的概念和规则，拼写就不难了！回想一下你刚刚学乘法的时候，是不是像大多数人一样，只是把乘法口诀表背下来？你几乎没有真正理解问题，也没有用数学思维去思考。大部分人只大量重复背诵，或者用一两个记忆技巧，比如利用指关节来学习乘法口诀表。可这是学习乘法的最好方法吗？

其实，如果你可以更好地理解数学，就能学会计算所有数字的乘积，而不仅局限于那些你记下来的。我觉得这是非常容易实现的！只要使用一点小技巧，无论是面对大数字还是小数字，你很快就能学会计算。乘以四？把数字翻两番！乘以五？先乘十，再除以二。这些方法都很简单易记，非常有用。忘掉那些数学“花招”，只需简单的技巧就足以让你应付一切。

我写这本《游戏中的数学》是来帮助孩子掌握乘法口诀表的。不过，比起通过重复记忆来达到短期目标，我更着眼于孩子的长期发展，帮助孩子更直观地理解乘法。我用童谣般的文字和生动有趣的插图来传输和表达我的概念，不断挑战读者的认知，让他们能亲身体会掌握解题能力的乐趣和价值！通过编写《创意数学：我的数学拓展思维训练书》，我的目标是启发孩子做一个追求深入理解数学的人。这趟学习之旅将会是最好的时光！祝你们阅读愉快！

Greg Tang

格雷戈·唐

献给我爱的格雷戈里，你教会了

我太多的东西。

——格雷戈·唐

献给我的妈妈英格利·埃克林

——哈利·布里格斯

绝对零度

0 的计算最容易，
答案就在你面前。
每次结果都相同，
不是无来就是零！

0×0=
0×5=
0×32=
0×273=
0×459=
零号轮胎
在书的最后找到答案！

单行道

1 的计算很简单，

总是保持不改变。

猜猜答案是什么？

看看乘的那个数！

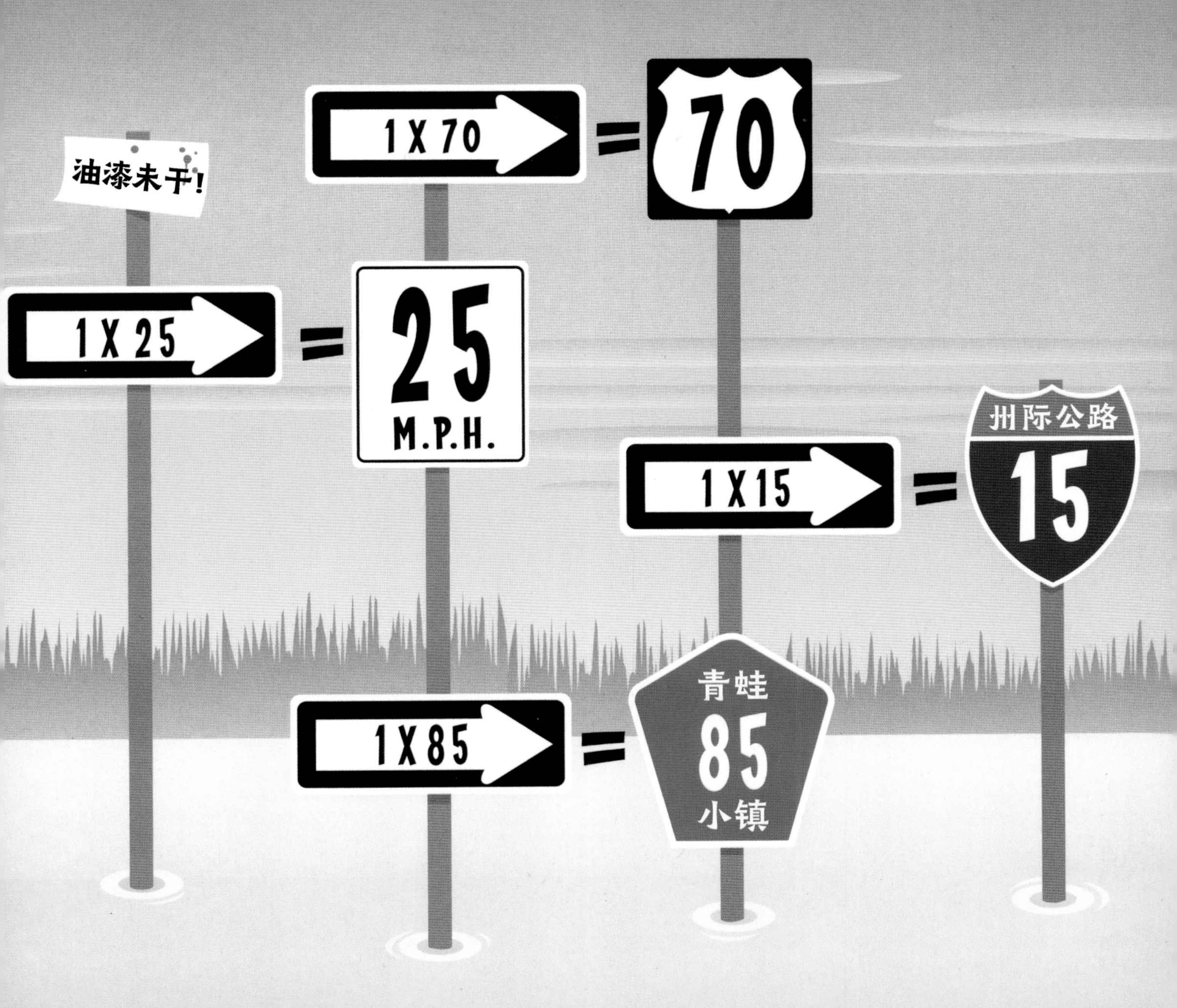

挑战题： 1×31 是多少？ 1×365 是多少？

两步舞

2 的计算很有趣，

快速加倍能算对。

如果觉得不准确，

再加一次准没错！

2×2 是多少？ 是 2 的两倍。

$2+2=4$

2×8 是多少？ 是 8 的两倍。

$$2\times 8=8+8$$
$$=16$$

挑战题： 2×12 是多少？ 2×44 呢？

三合一

3 的乘法很简单，
增至三倍即可得。
连加两次也能行，
翻倍再加更简单！

3×3 是多少？ 把 3 加倍再加 3。

先加倍：

再加 3：

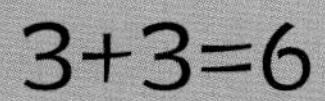

$3+3=6$

$6+3=9$

3×9 是多少？ 把 9 加倍再加 9。

$$
\begin{aligned}
3\times 9 &= (9+9)+9 \\
&= 18+9 \\
&= 27
\end{aligned}
$$

挑战题： 3×15 是多少？ 3×33 呢？

四眼水獭

4 能很快来计算，

只要善于乘以 2。

小小建议送给你，

两次翻倍别忘记！

4x4 是多少？把 4 翻倍两次。

翻倍一次：

4+4=8

翻倍两次：

8+8=16

4x7 是多少？把 7 翻倍两次。

翻倍一次： 7+7=14

翻倍两次： 14+14=28

挑战题： 4x14 是多少？ 4x35 呢？

活跃的五

尾数是 5 来相乘，

答案尾数还是 5。

试试直接乘以 10，

除去一半得答案！

5×5 是多少？ 是十个5的一半。

$50 \div 2=25$

5×8 是多少？ 是十个8的一半。

$$
\begin{aligned}
5 \times 8 &= (10 \times 8) \div 2 \\
&= 80 \div 2 \\
&= 40
\end{aligned}
$$

挑战题： 5×16 是多少？ 5×48 呢？

第六感

6 也可以很快算，

只要乘 3 再乘 2。

听上去嫌太麻烦，

翻倍之前先三倍！

6x6 是多少？ 先把 6 变 3 倍，再把所得翻倍。

先变 3 倍：

6+6+6=18

再翻倍：

18+18=36

6x4 是多少？ 先把 4 变 3 倍，再把所得翻倍。

先变 3 倍：4+4+4=12

再翻倍：12+12=24

挑战题： 6x15 是多少？ 6x33 呢？

七重天

7 的计算很省时，
它是质数也别怕。
你要做的很简单，
分别乘 5 再乘 2，
相加就把答案得！

7×7 是多少？ 是五个 7 加两个 7。

77777

5x7=35

35+14=49

7×5 是多少？ 是五个 5 加两个 5。

$$7\times5=(5\times5)+(2\times5)$$
$$=25+10$$
$$=35$$

挑战题：7×14 是多少？ 7×22 呢？

疯狂的八

8 的计算很像 4，

只是比 4 多一倍。

2 乘 2 乘 2 就是 8，

连翻三次得答案！

8×8 是多少？ 是将 8 连续翻倍三次。

第一次翻倍：　第二次翻倍：　第三次翻倍：

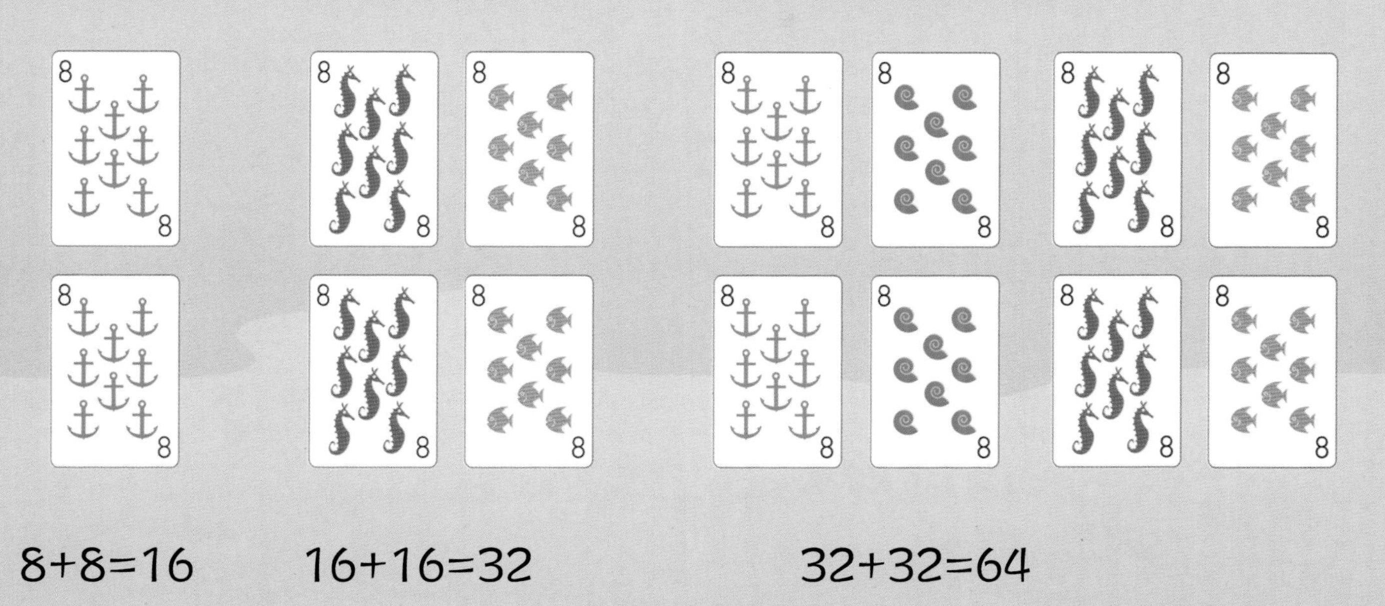

8+8=16　16+16=32　32+32=64

那 8×6 是多少呢？ 是将 6 连续翻倍三次。

第一次翻倍：6+6=12

第二次翻倍：12+12=24

第三次翻倍：24+24=48

挑战题： 8×25 是多少？ 8×35 呢？

美式九球

9 的乘法很容易，

多算一点有帮助。

这里有个小技巧，

乘以 10 后做减法！

9×9 是多少？ 是十个 9 减去一个 9。

⑨ ⑨ ⑨ ⑨ ⑨

90 − ⑨ =81

9×7 是多少？ 是十个 7 减去一个 7。

$$9 \times 7 = (10 \times 7) - 7$$
$$= 70 - 7$$
$$= 63$$

挑战题： 9×12 是多少？ 9×34 呢？

十分满分

10的算法真简单，
多亏位值来帮忙。
想要快速出结果，
末尾加0就可以！

10×10 是多少？ 是在 10 的后面加一个 0。

10×9 是多少？ 是在 9 的后面加一个 0。

$$10\times9=9\underline{0}$$

挑战题： 10×18 是多少？ 10×72 呢？

参考答案

绝对零度

每个问题的答案都一样，

名叫零或0！

0× 1= 0
0× 2= 0
0× 3= 0
0× 4= 0
0× 5= 0
0× 6= 0
0× 7= 0
0× 8= 0
0× 9= 0
0× 10= 0
0× 24= 0
0× 99= 0

单行道

答案是什么？

就是所乘的那个数！

1× 1= 1
1× 2= 2
1× 3= 3
1× 4= 4
1× 5= 5
1× 6= 6
1× 7= 7
1× 8= 8
1× 9= 9
1× 10= 10
1× 31= 31
1×365=365

两步舞

2的乘法很有趣，

迅速翻倍就算完！

	翻倍一次
2× 1	1＋ 1＝ 2
2× 2	2＋ 2＝ 4
2× 3	3＋ 3＝ 6
2× 4	4＋ 4＝ 8
2× 5	5＋ 5＝10
2× 6	6＋ 6＝12
2× 7	7＋ 7＝14
2× 8	8＋ 8＝16
2× 9	9＋ 9＝18
2×10	10＋10＝20
2×12	12＋12＝24
2×44	44＋44＝88

三合一

3的乘法这样算，连加3次，或加倍后再加一次，就可以得到答案。

	加倍	再加一次
3× 1	1＋ 1＝ 2	2＋ 1＝ 3
3× 2	2＋ 2＝ 4	4＋ 2＝ 6
3× 3	3＋ 3＝ 6	6＋ 3＝ 9
3× 4	4＋ 4＝ 8	8＋ 4＝12
3× 5	5＋ 5＝10	10＋ 5＝15
3× 6	6＋ 6＝12	12＋ 6＝18
3× 7	7＋ 7＝14	14＋ 7＝21
3× 8	8＋ 8＝16	16＋ 8＝24
3× 9	9＋ 9＝18	18＋ 9＝27
3×10	10＋10＝20	20＋10＝30
3×15	15＋15＝30	30＋15＝45
3×33	33＋33＝66	66＋33＝99

四眼水獭

告诉你个小窍门，

连续翻倍两次试试看！

	第一次翻倍	第二次翻倍
4× 1	1＋ 1＝ 2	2＋ 2＝ 4
4× 2	2＋ 2＝ 4	4＋ 4＝ 8
4× 3	3＋ 3＝ 6	6＋ 6＝ 12
4× 4	4＋ 4＝ 8	8＋ 8＝ 16
4× 5	5＋ 5＝10	10＋10＝ 20
4× 6	6＋ 6＝12	12＋12＝ 24
4× 7	7＋ 7＝14	14＋14＝ 28
4× 8	8＋ 8＝16	16＋16＝ 32
4× 9	9＋ 9＝18	18＋18＝ 36
4×10	10＋10＝20	20＋20＝ 40
4×14	14＋14＝28	28＋28＝ 56
4×35	35＋35＝70	70＋70＝140

活跃的五

先乘以 10，再除以 2 就

可得到答案。

	乘以 10	除以 2
5× 1	1×10＝ 10	10÷2＝ 5
5× 2	2×10＝ 20	20÷2＝ 10
5× 3	3×10＝ 30	30÷2＝ 15
5× 4	4×10＝ 40	40÷2＝ 20
5× 5	5×10＝ 50	50÷2＝ 25
5× 6	6×10＝ 60	60÷2＝ 30
5× 7	7×10＝ 70	70÷2＝ 35
5× 8	8×10＝ 80	80÷2＝ 40
5× 9	9×10＝ 90	90÷2＝ 45
5×10	10×10＝100	100÷2＝ 50
5×16	16×10＝160	160÷2＝ 80
5×48	48×10＝480	480÷2＝240

第六感

6 的乘法很简单，只要先乘以 3 再乘以 2。

	先三倍	再两倍
6× 1	1+ 1+ 1= 3	3+ 3= 6
6× 2	2+ 2+ 2= 6	6+ 6= 12
6× 3	3+ 3+ 3= 9	9+ 9= 18
6× 4	4+ 4+ 4=12	12+12= 24
6× 5	5+ 5+ 5=15	15+15= 30
6× 6	6+ 6+ 6=18	18+18= 36
6× 7	7+ 7+ 7=21	21+21= 42
6× 8	8+ 8+ 8=24	24+24= 48
6× 9	9+ 9+ 9=27	27+27= 54
6×10	10+10+10=30	30+30= 60
6×15	15+15+15=45	45+45= 90
6×33	33+33+33=99	99+99=198

七重天

7 的乘法也可以简单来算，用乘以 5 的积加上乘以 2 的积。

	先乘以 5	再加上乘以 2 的积
7× 1	(1×10)÷2= 5	5+ 2= 7
7× 2	(2×10)÷2= 10	10+ 4= 14
7× 3	(3×10)÷2= 15	15+ 6= 21
7× 4	(4×10)÷2= 20	20+ 8= 28
7× 5	(5×10)÷2= 25	25+10= 35
7× 6	(6×10)÷2= 30	30+12= 42
7× 7	(7×10)÷2= 35	35+14= 49
7× 8	(8×10)÷2= 40	40+16= 56
7× 9	(9×10)÷2= 45	45+18= 63
7×10	(10×10)÷2= 50	50+20= 40
7×14	(14×10)÷2= 70	70+28= 98
7×22	(22×10)÷2=110	110+44=154

疯狂的八

因为 2×2×2 是 8，连续翻倍三次就会得到想要的答案！

	翻倍一次	翻倍两次	翻倍三次
8×1	1+1=2	2+2=4	4+4=8
8×2	2+2=4	4+4=8	8+8=16
8×3	3+3=6	6+6=12	12+12=24
8×4	4+4=8	8+8=16	16+16=32
8×5	5+5=10	10+10=20	20+20=40
8×6	6+6=12	12+12=24	24+24=48
8×7	7+7=14	14+14=28	28+28=56
8×8	8+8=16	16+16=32	32+32=64
8×9	9+9=18	18+18=36	36+36=72
8×10	10+10=20	20+20=40	40+40=80
8×25	25+25=50	50+50=100	100+100=200
8×35	35+35=70	70+70=140	140+140=280

美式九球

有一个聪明的做法，先乘以 10 再做减法。

	乘以 10	减掉一个乘数
9×1	10×1=10	10−1=9
9×2	10×2=20	20−2=18
9×3	10×3=30	30−3=27
9×4	10×4=40	40−4=36
9×5	10×5=50	50−5=45
9×6	10×6=60	60−6=54
9×7	10×7=70	70−7=63
9×8	10×8=80	80−8=72
9×9	10×9=90	90−9=81
9×10	10×10=100	100−10=90
9×12	10×12=120	120−12=108
9×34	10×34=340	340−34=306

在乘数末尾加上 0

10× 1= 10
10× 2= 20
10× 3= 30
10× 4= 40
10× 5= 50
10× 6= 60
10× 7= 70
10× 8= 80
10× 9= 90
10×10=100
10×18=180
10×72=720

十分满分

在乘数之后加上 0 就可以快速得到想要的答案。

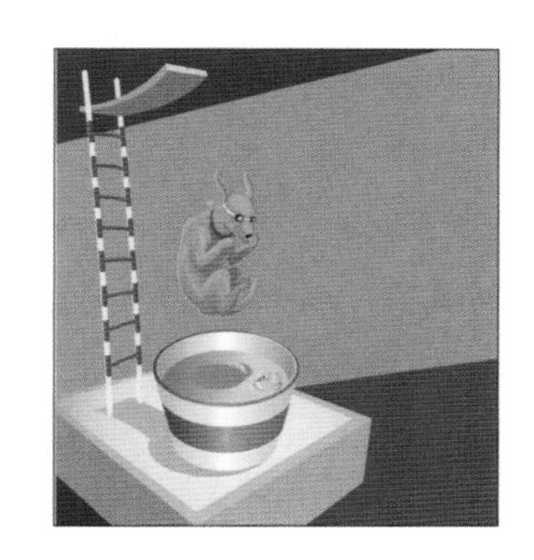

特别感谢利兹斯扎布拉对我的信任，

感谢凯特伊根的耐心、毅力和良好的判断力，

感谢吉恩费维尔让一切都成真。

黑版贸审字 08-2019-237 号

图书在版编目（CIP）数据

游戏中的数学 / (美) 格雷戈・唐 (Greg Tang) 著；(美) 哈利・布里格斯 (Harry Briggs) 绘；小杨老师译. — 哈尔滨：哈尔滨出版社, 2020.11

（创意数学：我的数学拓展思维训练书）

书名原文: THE BEST OF TIME

ISBN 978-7-5484-5077-1

Ⅰ. ①游… Ⅱ. ①格… ②哈… ③小… Ⅲ. ①数学－儿童读物 Ⅳ. ①O1-49

中国版本图书馆CIP数据核字(2020)第003846号

书　　名：创意数学：我的数学拓展思维训练书. 游戏中的数学
CHUANGYI SHUXUE:WODE SHUXUE TUOZHAN SIWEI XUNLIAN SHU.YOUXI ZHONG DE SHUXUE

作　　者：[美]格雷戈・唐　著　[美]哈利・布里格斯　绘　小杨老师　译
责任编辑：滕　达　尉晓敏　　**责任审校：**李　战
特约编辑：李静怡　翟羽佳　　**美术设计：**官　兰

出版发行：哈尔滨出版社（Harbin Publishing House）
社　　址：哈尔滨市松北区世坤路738号9号楼　　**邮编：**150028
经　　销：全国新华书店
印　　刷：深圳市彩美印刷有限公司
网　　址：www.hrbcbs.com　　www.mifengniao.com
E-mail：hrbcbs@yeah.net
编辑版权热线：（0451）87900271　87900272
销售热线：（0451）87900202　87900203

开　　本：889mm × 1194mm　1/16　**印张：**19　**字数：**64千字
版　　次：2020年11月第1版
印　　次：2020年11月第1次印刷
书　　号：ISBN 978-7-5484-5077-1
定　　价：158.00元（全8册）

凡购本社图书发现印装错误，请与本社印制部联系调换。
服务热线：（0451）87900278